动物
DONGWU JIANIANHUA
嘉年华

CAOCONGZHONG
DE JINGLING

· 未来出版社 ·

草丛中的精灵

U0304789

图书在版编目（CIP）数据

草丛中的精灵 / 巨英编著；负扬绘. -- 西安：未来出版社，2014.1（2016.12重印）

（动物嘉年华）

ISBN 978-7-5417-5119-6

Ⅰ. ①草… Ⅱ. ①巨… ②负… Ⅲ. ①昆虫—青年读物②昆虫—少年读物 Ⅳ. ①Q96-49

中国版本图书馆CIP数据核字（2013）第306067号

草丛中的精灵

巨英　编著

出 品 人	尹秉礼
选题策划	陆三强　王 元
责任编辑	薛少华　陈 欣
装帧设计	许 歌
内文绘图	云扬工作室
排版制作	未来图文工作室
技术监制	宇小玲　宋宏伟
发行总监	董晓明
出版发行	未来出版社（西安市丰庆路91号）
印　　刷	陕西东风海印刷有限公司
开　　本	720mm×1000mm　1/16
印　　张	5
版　　次	2014年3月第2版
印　　次	2016年12月第3次印刷
书　　号	ISBN 978-7-5417-5119-6
定　　价	17.50元

目 录

超级建筑大师 白蚁

　　除了南极洲、世界四大洋，哪里没有我的踪迹？美国科学家根据我们的数量，得出以下结论：如果把全球的白蚁分配给每个人，那么每个人拥有大约0.5吨白蚁，按数量算，则每人拥有大约50万只。我和蚂蚁都是蚁类，但人类说我们比蚂蚁低等，凭什么呢？

蚁后可真厉害，它的腹部特别大，差不多每15秒就产下一颗卵，在最鼎盛的时候，它一天就生下8000～10000颗卵，一辈子差不多要生5亿个孩子！我们蚁群中有时还会有几个后备蚁后，一旦现任蚁后去世，它们就开始接手生孩子的工作。

最杰出的建筑大师

我们的家很大很大哦，里面四通八达，有几百个房间，有育婴室、产卵室，能供几百万只白蚁一起生活。我们喜欢潮湿，于是便有专门的隧道，把地下水引进来。我们还建造起通风管，这样一来，巢内便能保持通风和常温呢。在非洲和澳洲，我的伙伴们在草原上建筑的巢穴外观高达7米，那可是我们用唾液混合着泥土建造起来的哦。如果按照形体的大小来比对的话，我们的建筑可是比什么101大楼、双子塔之类的高多啦。

我是害虫

我不告诉你，你就不知道我有多牛叉。我的唾沫，不仅能溶解木头、水泥，连钢筋、白银都能分解呢。我钻到城市的建筑物里建房子、生孩子，不久后，这个建筑物就会有潜在危险了。如果我把房子建到江河堤坝上，那就更恐怖了，一旦洪水来了，就有决堤的危险。反正，我对人类没什么好处，人类就把我列为五害之一了。我是妨碍了人类，可地球并不只属于人类啊？

妙妙贴

鞭毛虫生活在白蚁的肠道里。白蚁吃下木屑后无法消化其中的木质纤维素，而鞭毛虫可以分泌一种酶，将木质纤维素转化成葡萄糖，再被白蚁吸收。所以它们是好朋友。

白蚁巢中二氧化碳含量非常高，比空气中要高数十倍甚至上百倍。

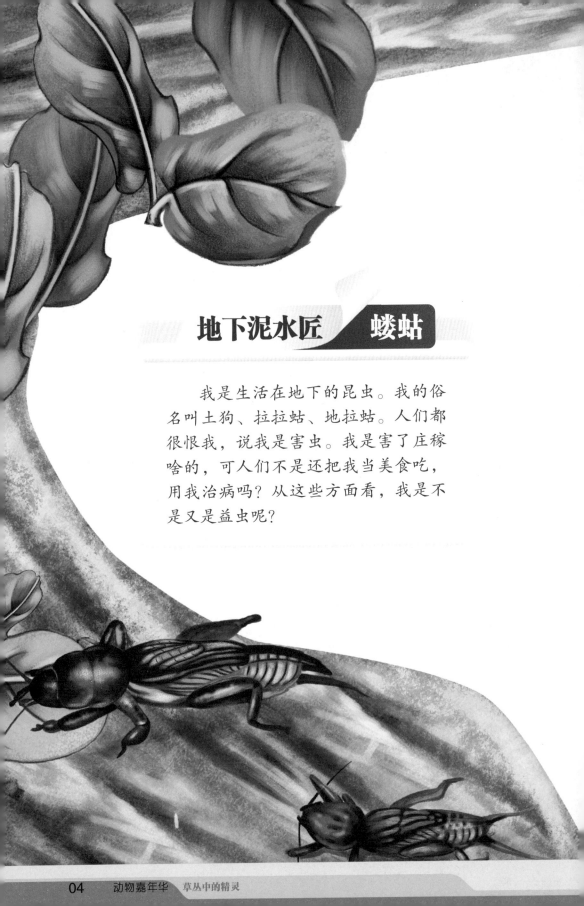

地下泥水匠 　蝼蛄

　　我是生活在地下的昆虫。我的俗名叫土狗、拉拉蛄、地拉蛄。人们都很恨我，说我是害虫。我是害了庄稼啥的，可人们不是还把我当美食吃，用我治病吗？从这些方面看，我是不是又是益虫呢？

倒退疾走术

你跑得快吗？你会疾走吗？但你能倒退疾走吗？我就能，而且，越是在洞穴里，我的这种本领就越强呢。

郎唱情歌妹来和

到了晚上，我们小伙子们就开始集体唱情歌了，一片咕咕咕咕的声音。姑娘们听到之后，就会飞奔着来到我们身边。人类的科学家可坏了，他们把我们唱的情歌用录音机录下来，然后拿去放，结果，那些傻姑娘们不知是计，纷纷跑去约会，被杀了个一干二净。不过我最近听说了一件事，就是他们录了北京蝼蛄的情歌，拿到河南去放，结果一个蝼蛄姑娘都没来，因为听不懂！

我的战壕

瞧，我的前足像不像水泥工人用的水泥抹子，前端还有锐利的尖爪，这样的前爪，天生就是用来挖洞穴的哦。一到春天，我就开始挖洞穴了，能挖到地下三四十厘米，甚至100多厘米呢。在我洞穴的周围，我还挖了四通八达的战壕呢。在松软的土壤里，我一分钟能挖20厘米长的战壕。

我没干坏事

其实我也没想干坏事，可是我生在地下，长在地下，除了那些种子、根，我还能吃什么呀？我在地下打隧道，是为了我自己的生活，我怎么就知道这样会让那些植物的根和土分开了，然后那些植物就脱水而死了？我又不是植物学家！

妙妙贴

据说，蝼蛄进入了楼兰国。在那里，它们没有天敌，吃当地的白膏土为生，因此大量繁衍，成群结队地进入了楼兰人的田地和家中，人们无法消灭蝼蛄，只好弃城而去。

蝼蛄俗称土狗，是一种中药，可以利尿、消肿，也可以治疗泌尿结石、慢性肾炎、水肿等病。

会挖陷阱的昆虫 蚁蛉

我婴儿时叫蚁狮，长大后叫蚁蛉。我们都喜欢吃肉。小时候，我长的样子像沙和尚的头，长大以后，我像蜻蜓和豆娘，不过我和它们都没什么关系。我喜欢蚊、蝇这类的虫子，吃起来味道很好哦。

李爷爷的宠爱

李时珍爷爷写的《本草纲目》里叫我沙挼子，并说了我是非常好的中药哦。可以治疗高血压、泌尿结石、腹泻、小儿营养不良等病，把我晒干碾成粉，还能治刀伤呢。

挖坑达"虫"

挖坑了，挖坑了！我的腹部就是犁哦。不停地挖呀挖呀，土都挖松了，再用头顶着这些土，把它们扔到坑外面去。来，跟我悄悄地藏在坑底，把自己埋起来，只剩上颚露在外面。我要干什么？你一会儿就知道了。

我不是蜻蜓

蚂蚁来啦。忽然，它掉到了一个漏斗形的坑里！蚂蚁吓傻啦，拼命地挣扎着，想顺着斜坡爬上去，可是沙子却塌了下来，把它埋住了。说时迟，那时快，我迅速地扑了过去，抓住蚂蚁，把吸管一样的嘴巴插入它的身体里，给它注入消化液，然后慢慢地喝光它。然后再把已经没有体液的它扔出去，伪装好我的陷阱，等待下一个猎物。没错，这个漏斗形的沙坑，就是我的陷阱！哦，忘了告诉你，我叫蚁狮，是蚁蛉的幼虫。

守陷阱待猎物

我长大啦。跟蜻蜓很像吧？其实很容易就能区分出来的。你看，它的触角刚毛状，很细小，而我的是棒状，前端有点膨大。蜻蜓停下的时候，两个翅膀是摊开的，而我的翅膀会向后收拢，覆盖住尾巴。你分清了吗？

用纸做窝的蜂　马蜂

我的名字很多哦，胡蜂、黄蜂、马蜂……全世界约有1.5万种呢。我有一个人人羡慕的细腰，飞翔的速度很快，还有非常厉害的毒针。人类看见我们，都要远远地躲开呢，要不然，就会发生危险的事。

到底有多毒

马蜂小姐的毒到底有多毒？不同家族的可不一样。但是大致分为两类，一种是溶血毒，一种是神经毒，这两种都非常可怕，可以让人的肝、肾等器官衰竭，甚至是造成死亡。

蔡伦蜂

我是一名工蜂。我最擅长的就是找到那种木质的植物，把它们在口中嚼碎，再吐出来，拌上唾沫。这不是纸吗？对了，我就是用它来建窝的哦，从第一层开始，排了一层又一层，最后，跟人头一样大，好多层了，在最下面，是我们的大门。我们的纸窝做好了。

马蜂尾上针

我们特别羡慕马蜂小姐，因为它有毒腺和毒针，而我们男的都没有。而且，马蜂小姐的毒针，和蜜蜂的很不同。蜜蜂只能蜇人一下，马蜂却可以连续蜇好多回呢。有了这个武器，谁敢惹啊？怪不得人类总结最毒的东西，里面就有黄蜂尾上针。

群起而攻之

人不犯我，我不犯人，人若犯我，哼哼。我们马蜂可不随便招惹谁的，但我们有很强的领地观念，特别不喜欢别人到我们的地盘上来玩。要是谁来侵犯，对不起，我们的"哨兵"立刻就会上前攻击，紧接着，我们就会一窝蜂地上前，狠狠地对付入侵者。

妙妙贴

秋天，温度降到6℃~10℃，马蜂就开始过冬了；夏天天气炎热，它也不会出门；晚上肯定回家，哪里也不去；风力3级以上，在家待着；下雨天，又宅在家里。真是超级宅啊。

在500米之内，马蜂可以辨认方向，超过500米，就会迷路。

伪装之王 枯叶蛱蝶

　　我是著名的拟态大师——枯叶蛱蝶。我常常把自己伪装成枯叶的样子，敌人很少能发现我。不过，我不是喜欢花蜜的蝴蝶，我喜欢的食物是树的汁液、腐烂的果子。你觉得我很憔悴吗？如果你了解了我的真面目，就会大吃一惊哦。

败絮其外，金玉其中

别看我的外表那么憔悴，一点儿没有生机，我可是内在美。当我打开翅膀，你千万不要惊讶，我的翅膀内里，是金属光泽的亮丽蓝色和橘色，一点儿也不比其他蝴蝶逊色，甚至更美丽哦。

拟态大师

看，我像不像一片枯叶呢？当我停留的时候，就会把翅膀收拢，翅膀的颜色像叶子，上面还有特别像叶脉的花纹，而且我一般都选择停在树干上，

是不是可以以假乱真了呢？我要的就是这个效果，这样一来，那些虎视眈眈的家伙们就不会发现我了。这个在生物学上叫拟态。

枯叶蛱蝶的贡献

1941年，德国侵略军入侵苏联，著名的蝴蝶专家施万维奇设计了一整套蝴蝶防空迷彩伪装，给苏联的军事目标都披上了一层神秘的隐身衣，有效地阻止了侵略军的进攻。这是枯叶蝶在军事上做出的重大贡献。

我喜欢的生活方式

我喜欢生活在悬崖峭壁的地方，还有树木葱茏的地方，尤其是溪流两边的阔叶树上。每当太阳升起，露水渐渐消失的时候，我就飞到低矮处，寻找那些树的伤口，吃它们流出来的汁液。午后，我躲在高大的树上，等待姑娘们的来临，当它们飞过的时候，我就立刻飞过去，向它们求爱。

枯叶蛱蝶停留的时候，是头朝下，尾巴朝上的。

枯叶蛱蝶张开翅膀飞翔时，就会露出美丽的背面，简直比凤蝶还要美丽。

大刀侠客 螳螂

　　哼哼哈嘿，快使用双节棍。啊不，快使用双大刀。我的这两只前肢，是不是像两把大刀呢？所以我还有个名字叫刀螂。我就举着这两把大刀，杀遍了全世界。（嘿嘿，以上使用了夸张的手法，其实我们家族真还没谁去过极地。）

隐身衣

要想抓虫子吃，最关键的是别让它们发现我，以免打草惊"虫"。先穿上隐身衣！我穿的是绿色的哦，往树叶上那么一趴，不仔细看，根本看不到我。再加上我们螳螂的形态也是各种各样的，有的像花，有的像树枝，就更看不到了。我还有些亲戚在土壤里生活，它们穿的是土色的衣服。反正就是跟自己的环境一样的颜色喽。嘘，虫子来了，注意隐蔽！

吃掉新郎

我们好多螳螂姑娘是不需要结婚，自己就可以生孩子的。但我却不行，必须要找到自己的心上人。新婚之夜，我们情意绵绵之后，我就一口咬掉新郎的头，还有前肢。这是我妈妈教给我的，必须这样，否则的话，说不定新郎就会吃掉我。不过，不是所有的螳螂都这样，只有极少数会这么做。

生孩子头朝下

新婚两天之后，我因为吃了新郎，精力非常充沛，开始生孩子了。我头朝下站着，从腹部排出一些棉花一样的泡沫，抹在树枝上，这是我宝宝的婴儿床。一切安排妥当，我才把卵产到这些婴儿床上。

婴儿服

跟各种居心不良的家伙打拼之后，我的宝宝们终于出生了。一个婴儿床上有100多个婴儿呢！我在旁边守候了好多天，娇嫩无比的它们，都穿着一件薄薄的外衣（像膜一样的囊袋），这样，它们就不会彼此擦伤了。

螳螂的复眼有一套非常精准的追踪瞄准系统，所以它捕食只要0.01秒。

螳螂能吃比自己块头大得多的家伙，壁虎、小鸟、青蛙，它都来者不拒。

长角的怪虫　角蝉

　　好多动物都长角，牛、鹿、牦牛，我也长哦，我们家族大约有3000种，长的角都不一样，可是，我们的角却不是用来打架的哦。这个角让我们都显得特别古怪。我们还有个比较正常的名字，叫刺虫。

畸形角

人家的角长在头上，我们的角却长在身上。这些奇形怪状的角，都是前胸甲壳变形而形成的，从而形成了各种畸形的形状，有刺状、瘤状及树枝状。而且我们的角也不用来打架。瞧，我往树干上这么一趴，你是不是觉得我像一根刺？这就是我们保护自己的方法啊。有的像刺，有的像树枝，这样天敌就发现不了我们了。

伪装到底

既然伪装，那就要彻底伪装，我不仅角的样子像树枝、刺、果实什么的，连颜色也努力像树靠近。一般，我们家族成员都是绿色或者古铜色，往树枝上那么一趴，就跟树干、树枝甚至鸟粪混在了一起，要多好的视力才能发现我们啊。

蚂蚁妈妈

我们的童年离不开蚂蚁哦。不管有没有妈妈，蚂蚁总陪伴在我们身边。因为它们很喜欢吃我们分泌的蜜液。如果有坏家伙靠近我们，蚂蚁妈妈们总是会跟它们决一死战的。既然如此，妈妈在不在身边，真的没关系了哦。

妙妙贴

当我们许多同伴聚在一起的时候，就会自觉地分开，这样，看起来更像自然分布的树枝，或者刺。

角蝉和其他蝉类一样，非常喜欢吸食树的汁液，是害虫。

躲猫猫高手 竹节虫

你能找见我吗？如果躲猫猫的话，我躲在你眼皮子底下你也找不到我。我的样子太像竹节了，如果把胸足都合拢的话，差不多跟一截竹子没啥区别，所以才有了竹节虫这个名字。

下卵雨

刷拉拉，刷拉拉，哎哟，下雨了吗？可是为什么没有雨滴呢？其实，这是我太太在产卵呢！仔细一看，哎哟，这些卵看起来很像灌木的种子哦。太太说，这样那些坏家伙就不会打我们孩子的主意了。我太太真聪明啊。

计策王

假装成竹子，这叫拟态。我可不光只有这一个本领哦。我还能根据光线、温度、湿度的差异，改变身体的颜色，使身体和周围更加融合。如果树枝被振动，我就掉到地上，把胸足收拢起来，一动不动地装死，然后找机会溜之大吉。实在不行了，我就把腿丢掉，反正它们也能再长出来。怎么样，我是不是计策王？

闪光弹

白天我静静地待在树枝上，别人都以为我是一截竹子呢。到了晚上，我开始活动啦。一般我都不会被发现，但一爬动，有些家伙就会立刻发现我。我的撒手锏来也！只见亮光一闪，敌人就迷惑了，等它回过神来的时候，我已经飞走了。每当我要飞的时候，就会发出这样的亮光呢。这个撒手锏怎么样呢？

孤雌生殖

妈妈把我生在树枝上，就跑掉了。过了一两年，我才开始孵化，经过几次蜕皮后，我就变成了妈妈的样子。不过，有些竹节虫妈妈根本就没找过老公，可也生下了孩子，听说这个叫孤雌生殖。可惜，我变成成虫后，只能活3～6个月。唉，早知道不要孵化就好了。

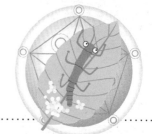

妙妙贴

竹节虫生活在竹林里，身体长度一般能达到33厘米左右，是世界上最长的昆虫。已发现最长的竹节虫，有51厘米长。

竹节虫英文名的意思是会走路的拐棍。

一流歌手 蝈蝈

　　我的名字很有文化呢，叫螽斯，这是因为人们在春秋时期就已经开始养我了，这个名字也带着古代的气息吧？现在的人们叫我蝈蝈，中国的南方人喜欢叫我"叫哥哥"，说我是鸣虫之首，大家都喜欢听我叫的声音呢。

杂食者

有人以为我天天在草丛里，就只吃草。非也非也，我也是肉食者，经常捕捉田里的害虫呢，有时我们也会吃同类哦。我们也会吃点新鲜的植物，但是味道真的不如肉好呀！

什么样的男生最吃香

我家妹妹整天跟着我，追问我为啥自己不会唱歌，真好笑。女生怎么会唱歌呢？我们男蝈蝈会唱歌，是因为要用这个来吸引女生。我常常和一帮哥们儿在一起合唱，女生们听到歌声，就会跑过来，然后在我们中间挑一个嗓门最大的做她的男朋友。

声音从哪里来

其实，我并没有美丽的歌喉。我美丽的声音，都跟我的翅膀有关系。我的覆翅上，有发音锉和刮器，它们相互摩擦，于是就发出了好听的声音。每年夏天，我要摩擦5000万～6000万次呢。

歌声有啥用

我唱歌可不光是为了浪漫！有时，和别的蝈蝈狭路相逢，我们就要先对着对方高歌几个来回，然后再斗个你死我活。有时候，遇到了危险，我也会大声喊叫，通知我的家族，赶快逃跑呀！

妙妙贴

蝈蝈要蜕六次皮，才能长成成虫。它蜕皮之后，会把自己的皮吃掉。

蝈蝈的身上寄生着一种叫线虫的家伙，线虫长到一定程度，就要去水里生活，于是，它就会通过控制蝈蝈的中枢神经，迫使蝈蝈跳水自杀。

像豆荚的虫子 纺织娘

　　看，我像不像一个豆荚？我是螽斯的一种哦，喜欢吃南瓜、丝瓜的花瓣，也吃桑树、核桃树、柿子树的叶子，所以我是害虫哦！

不纺织的纺织娘

我可是重要的鸣虫之一。夏天和秋天的夜晚，我摩擦着前翅，就会发出"沙沙，沙沙"或者"轧织，轧织"的声音，听起来，特别像古时候织布机在织布的声音哦。因为这个，人们才叫我纺织娘的。其实我一点儿也不懂纺织这个行业。

纺织娘传说

古时候，有个勤劳的媳妇，死了丈夫，她含辛茹苦地照顾儿子，白天下地干活，晚上织布，供儿子念书。因为太劳累了，她的十指都流出了血，滴在白布上，白天，却变成了红梅，布卖得很快，总是被一抢而空。儿子顺利地当上了大官，回来时，却见母亲早已倒在血泊中，变成了一只纺织娘，叫着轧织、轧织，仿佛在告诉儿子，廉洁，廉洁。

展示狂男生

男生真的很爱表现自己。每当到了夜晚，我们出来找吃的、鸣叫的时候，如果附近有姑娘出现，我就会边唱歌，边转动自己的身体，这样可以吸引姑娘们的注意哦。

倒霉的瓜秧

我可真喜欢南瓜、丝瓜呀。白天的时候，就静静地待在它们的茎、叶之间，到夜晚才出去。我会把自己的宝宝生在它们的嫩枝上，这样宝宝一出生，就有吃的了。可惜呀，这些家伙太脆弱，经常就枯死掉了，也太经不起小风浪了吧。

妙妙贴

1848年，美国犹他州盐湖城的纺织娘泛滥成灾，它们摧毁了庄稼，人们一筹莫展。后来，不知从哪里飞来许多海鸥，将纺织娘吃光了。人们感激万分，为海鸥塑了雕像，还把它们定为犹他州的州鸟。

纺织娘不喜欢太明亮，也不喜欢太炎热。

聒噪先生　　蝉

　　知了，知了。每当到了夏天，你一定会听到我的叫声。我吸取树的汁液，对它们来说是敌人，但是我的身体，还有我蜕下的皮，都是一种很好的药材。人们还把我的宝宝用油炸了做成菜，唉，人类真残忍啊。

聒噪先生

我们姑娘家家的可不会叫，只有那些男的才会叫呢。它们可吵了，找姑娘求婚的时候叫，附和伙伴的时候叫，被抓住的时候也叫。不过这叫声不是从嘴里发出的，而是从腹部的发声器发出来的呢。

硬吸管嘴

饿死了，饿死了！赶快把吃饭的家伙拿出来！噢，我们可不需要刀叉，只需要把嘴巴插到树干中就可以了。看，我的嘴巴像不像一支特别硬的吸管

啊，又甜又香的树的汁液就通过它，全部吸到了我的肚子里。嗝，我打饱嗝了。

暗无天日的婴儿生涯

我妈妈把我生在树枝里面，我从卵里孵化出来，就从树枝里爬出来，被风吹得掉在地上。我挖呀挖呀，挖一个洞钻进去，在里面吃树根的汁液，一待就是两三年，有的还待了十几年呢。经过四次蜕皮之后，我才从洞里爬出来，马上，我就要变成真正的蝉啦。

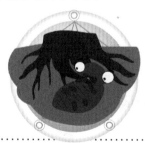

变形记

我爬呀爬呀，爬到了树干上，这时，我第五次蜕皮哦，倒挂在树干上，身体必须和树干垂直哦，要不然翅膀就畸形了。我的翅膀是那么柔软，我用体液通过压力，让它们展开。当我收回体液的时候，双翅还没展开就变硬了。千万千万别在这时候打扰我哦，否则我可就成了终身残疾蝉，永远也不能飞了。

妙妙贴

蝉在中国古代象征着复活和永生。从周代到汉代的葬礼上，人们都会把一只玉蝉放在死者的口中，为之祈求永生。

蝉小伙们起劲儿地唱歌献殷勤，可惜蝉姑娘却都是些听不见的家伙。

好斗大王 蟋蟀

你要没听过我的大名，那你一定听说过蛐蛐儿吧？我就是它，嘿嘿。1亿多年前，我就出现在地球上了，我的特长是打斗和唱歌，我喜欢植物的根、茎、叶子、花朵和果实，人们总说我是害虫。

孤独的人都是好斗的

我独自一个真的是待习惯了，特别不喜欢看到别的蟋蟀出现在面前。当然了，除了我老婆。我和别的男蟋蟀狭路相逢，做的第一件事情就是摆开架势，开打。谁要到我的地盘上来，也要先决斗一番，否则也太不爷们儿了。

老婆多多益善

谁还兴自由恋爱？我的老婆都是我打架得来的。我和其他那些男的打得不亦乐乎，最后谁赢了，谁就能获得对姑娘的拥有权。所以，我有好多老婆呢。其实，这个方式是很公平的。你想啊，最勇猛的我，生下的孩子不也非常优秀吗？那些手下败将们，要真的跟姑娘结婚了，生的孩子肯定也是病残柔弱的，那对我们的种族繁衍太不利了。

挡不住的歌声

你嫌我叫的声音太吵？想拿胶带把我的嘴给粘上？那我也照样能唱。因为我压根儿就不是用嘴来唱的。嘿嘿，秘密就在我的前翅上，那里有两种东西，音锉和列齿，它们互相摩擦，我就能发出好听的叫声啦。有时，我是为了姑娘而唱，有时，我就是为了跟某个同类决斗才唱的。

妙妙贴

唐朝天宝年间，人们开始斗蛐蛐儿，唐玄宗也特别喜欢。给他养蛐蛐的小孩姓贾，因为善于斗蛐蛐而得到青睐和宠爱，一时间富贵无边。南宋宰相贾似道喜欢蛐蛐，专门盖了别墅斗蛐蛐，还写了一本名著《促织经》。

蟋蟀的听觉器官在前足上。

仰泳爱好者　仰泳蝽

　　要是动物界开奥运会的话，我拿个仰泳冠军肯定没问题。因为我平时就是整天躺在水面上仰泳啊，否则怎么得了个这名字。不过我在仰泳时，一旦遇到威胁，会马上停止划水，立刻飞走，快如闪电，呵呵。

天生仰泳体格

我的身体很轻的，要是不抓任何东西，就会浮在水面上。我划水的时候，后脚就是桨，一划一划的，就游走了。我的触角，就负责保持我身体的平衡。而我的背，就像船底一样，很平滑，这样阻力会很少，速度会加快哦。你看，我的身体，是不是天生就是用来仰泳的？

大隐隐于水上

仰泳，躺着游泳，好舒服啊。我的背部非常平坦，而且颜色很浅，我仰泳在水面上，水下的敌人根本分不清我的背和水面到底有什么区别，所以根本就不会注意到我。从上面看，我的身体又和水底没什么区别。所以这个姿势很隐蔽，很安全哦。

潜水躲敌人

到处都是敌人啊，仰泳躲过了水下的敌人，可又被水上的翠鸟盯上了。不过，它的动作没有我迅速哦。我会用修长发达、像桨一样的后足拼命划水，躲避它的。如果实在躲不过了，我还有一招呢，赶快抓住一株水草，嗖嗖嗖地顺着它溜入水中，藏在水底，翠鸟只能望"水"兴叹了。

如此鱼子酱

想吃墨西哥美食吗？除了玉米卷、煎鱼排，还有一种叫Ahutle的鱼子酱也非常有名哦，而且价格特别昂贵，一小勺就要六七百块人民币。你要是知道这个Ahutle是什么的话，大概你会吐出来的。每年的繁殖季节，我会把卵产在草秆上，墨西哥人就用绳子捆上草秆，放入水中，半个月后，草秆上密密麻麻的都是我的卵。墨西哥人把这些卵晒干、清洗、发酵——这就是你吃的Ahutle鱼子酱。

妙妙贴

虽然仰泳蝽看起来很有趣，可它最喜欢吃鱼苗和蝌蚪，还把卵产在植物组织里，更可恶的是还会咬人呢。所以是害虫。

仰泳蝽不抓着水草也能潜入水中。

超级速度王 虎甲

　　虽然全世界到处都有虎甲，可我
更喜欢亚热带和热带地区，我喜欢有
阳光的道路和沙地，我斑斓的色彩，
在阳光下会更加漂亮哦。

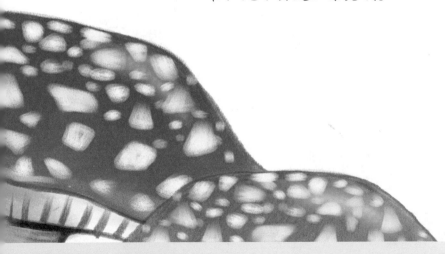

守洞待兔

小时候，我躲在很深的洞里，这个洞大约有60厘米深呢。肚子饿的时候，我就等在洞口，当蜘蛛或者其他昆虫经过的时候，我就立刻用镰刀一样的上颚抓住它们。

复眼大脑不给力

咦，我追的蜘蛛去哪里了？我怎么看不见了？这都怪我跑得太快了，所以复眼组织和大脑跟不上这个速度，于是在一瞬间，我竟然失明了！我这拖后腿的复眼和大脑，让我不得不暂停一下，重新等眼睛看清周围的一切，然后再继续捕杀猎物。真是太不给力了。

昆虫赛车手

如果按照体长比例来算的话，我可是陆地上跑得最快的！每秒钟，我移动的距离是我身体长度的171倍。假如把我放大到和人类相同的身高，那么我奔跑的速度，将是一级方程式赛车车速的两倍多！我不是赛车手，我是赛车。

钩钩来也

哎呀，这家伙太大，都快把我拖出洞去啦。赶快，钩钩来也！我的腹部有一对钩，能把我固定在洞里的墙壁上，嘿，想拉我出去，没门儿。就这样，那些倒霉的家伙就被我拖到洞底，成了我的午餐！

妙妙贴

蓝、绿、橙……虎甲的外衣漂亮吗？还闪闪发亮呢！这些颜色都是外骨骼释放的色素形成的哦。

虎甲喜欢白天活动，经常在路上觅食。看到人后会马上飞起来，向前飞翔，于是人们叫它拦路虎、引路虫。

杂技玩家　象鼻虫

在鞘翅目中，我是最大的一科。在昆虫的世界里，我是种类最多的哦。你看到我的时候，会不会想到鼻子长长的大象呢？就是因为这个"长鼻子"，我才会被叫成象鼻虫的，可惜，这个不是鼻子，是口器。

装死术

如果有谁把我打翻在地，我会假装伤得很重，脚不停地摆来摆去，最后慢慢地不动了，把脚收回到壳里。有坚硬的壳包着我，谁能把我怎么样呢？等一会儿敌人走了，我爬起来就飞走了。

倒霉植物

我在生宝宝的时候，会先用那个长长的口器将植物表面凿一个细长的洞，或者一道横裂，然后把卵产在里面。宝宝出生后，有一个非常强有力的脑袋，可以在植物的组织间穿来穿去。从生下来到离开世界，我们都吃植物，所以被我们盯上的植物，真的很倒霉。有的里面已经空了，风一吹，吧唧就断了。

最硬甲虫

我们象鼻虫大部分都能飞，但少数家伙下翅都退化了，上翅闭合了，这样，背部的硬度增加了好几倍呢，甚至成了世界上最硬的甲虫。听说，有些生物学家在制作象鼻虫标本的时候，还动用了电钻，可见壳都硬到什么程度了。

象鼻虫间谍

第一次世界大战的时候，德国曾派间谍将两瓶象鼻虫带往阿根廷，企图通过象鼻虫的繁衍，使阿根廷粮食减产，报复阿根廷为德国的敌人提供粮食。不过后来这两瓶象鼻虫被法国特工故意闷死了，德国的计划失败了。

妙妙贴

1910年，世代种植棉花为生的美国亚拉巴马州发生了象鼻虫灾难，所有的棉花全毁了。人们只好转种了别的农作物，没想到这些农作物比棉花的经济效益好了好多倍。亚拉巴马州的人们非常感谢象鼻虫，于是给广场上竖立了象鼻虫雕像。

象鼻虫的脑袋可以旋转360°。

超级大力士 独角仙

　　我的正式名字是：双叉犀金龟。"独角仙"只是我的俗名，可能因为我头上长了个大犄角吧。科学家们说我是世界上最强壮的昆虫呢。有些人喜欢把我们当宠物饲养。

大力士

你能举起自己体重800倍的东西吗？我能。所以科学家才说我是世界上最强壮的动物，因为只有我能做到。要不然，我怎么能被称为"甲虫之王"呢。

外壳变变变

我的外壳很硬吧，还闪闪发亮呢！它还有另外一种功能哦。每当夜晚来临的时候，周围渐渐变得潮湿了，我的外壳就从绿色渐渐变成了黑色。科学家们都在研究这个现象，不知道我是为了躲避敌人，还是为了保持身体的热量。说老实话，我也不知道。

武士请上座

日本人特别喜欢我，认为我身体魁梧（最大能有16.5厘米长呢），威风凛凛，特别像日本武士，他们还根据我头部的形状，给武士做头盔呢。武士们戴上这样的头盔，就会像我一样所向无敌啦。

模范昆虫

别看我外表强悍，其实我是个遵纪守法的好昆虫。我从小就吃腐烂的树叶或者腐烂的木头，长大了，就吃一些烂了的果子，有时实在没啥吃了，才吃一点树的汁液。真应该给我发个"模范昆虫"的奖章。

妙妙贴

独角仙里只有男的才有大角哦，女的是没有的。

冰箱里有一排鸡蛋。第一个对第二个说：你看那个鸡蛋。最后一个"鸡蛋"说：我是独角仙宝宝。

小小直升机 蜻蜓

　　直升机模仿的是谁？我。谁能在一小时里吃掉40多只苍蝇和840多只蚊子？我。谁能往前飞，往后飞，还能左右飞？我。我可是大大的益虫哦。

点水表演

我可不是在炫耀自己的飞行技巧,我是在生孩子呢!我的孩子要在水里才能孵化,孵化后也要在水里生活一段时间。所以,我每次产卵的时候,都会飞到池塘上方,边飞翔边用尾部点水,把我的宝宝生在水中。

温柔的肉食者

你说我很温柔?嘿嘿,那请你参观一下我吃饭的样子。瞧,我的腿上有很多粗粗的刚毛,它们能帮助我紧紧地抓住猎物,我的下巴很大很发达,这样我一下子就能把猎物嚼烂啦。在30分钟内,我就能吃下和我体重一样重量的食物!而且,我除了吃虫子什么的,有时也吃自己的同类呢。

神奇眼睛

我的眼睛没吓到你吧?占了头大部分位置的眼睛,你很少见到吧?我的眼睛可不是只有两只,而是每只都由许多许多的小眼睛组成。这些小眼睛都和感光细胞以及神经连在一起,所以可以很好地辨别物体的大小。如果有活动的东西从我眼前飞过,我的小眼睛就会依次做出反应,迅速地判断出它的运动速度,这样我抓虫子就手到擒来啦。我的眼睛还有一个神奇的功能哦,就是可以自由地上下左右前后360°转动,我不用转动脑袋,就可以看到四周的动静。

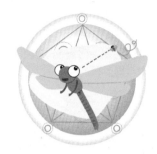

脚VS翅膀

翅膀和脚哪个重要?对于我来说,脚有两个作用,吃东西时抓住食物和站立。其他时候,好像它们也没什么用,又不能让我散步。我要挪动一下,都必须靠翅膀。翅膀对我来说真的很重要,而且,别看它们小小的,薄薄的,可就算只剩下两片,它们也照样能带着我飞来飞去。

妙妙贴

以前,飞机在飞翔时,会因为机翼颤抖而引起飞机解体。科学家们研究发现蜻蜓翅膀的末端有翅痣,可以防止翅膀颤抖。科学家们根据这个改进了飞机。从此,飞机再没有因为机翼颤抖失事过。

蜻蜓的20000多只复眼都可以独立成像。人们根据这个研制出了复眼镜头,一次可以同时拍下上千张照片。

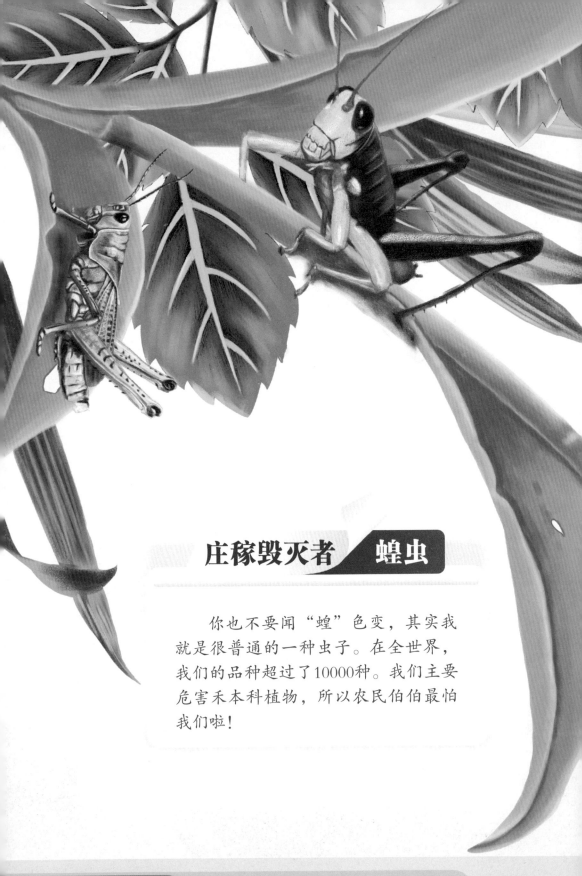

庄稼毁灭者 蝗虫

你也不要闻"蝗"色变，其实我就是很普通的一种虫子。在全世界，我们的品种超过了10000种。我们主要危害禾本科植物，所以农民伯伯最怕我们啦！

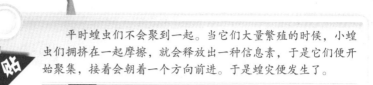

妙妙贴

平时蝗虫们不会聚到一起。当它们大量繁殖的时候，小蝗虫们拥挤在一起摩擦，就会释放出一种信息素，于是它们便开始聚集，接着会朝着一个方向前进。于是蝗灾便发生了。

蝗虫的腹部有一对半月形的薄膜，这就是它的耳朵。

独行侠

其实，我很喜欢独居，平时总是独来独往的，只是，我被碰到腿部的时候，就会忽然失去安全感，只有跟自己的同伴在一起，才会安全一些。但是如果你碰我的其他部位，我是不会有这种感觉的。

干燥狂

我讨厌潮湿，喜欢干燥和温暖的地方。因此，如果有一个地方很干旱的话，那就惨啦，我们就会开始大量繁殖，1平方米的土壤中，会有20万~40万粒蝗虫卵。我也很讨厌吃水多的植物，干旱后，植物的水分都不多了，我很喜欢吃，这就长得更快啦。

会飞的虾

我很好吃哦，有点像虾的味道，而且是纯绿色食品，高蛋白，低脂肪，香港人很喜欢吃我，叫我"飞虾"。美国人的"昆虫宴"更是少不了我呢。有许多国家的人都喜欢吃我们，把我们做成罐头、饼干，甚至冰激凌。

破坏王　蚜虫

　　人们叫我蜜虫、腻虫。有人说我是地球上最具破坏力的害虫之一，这个罪名可真大呀。我只知道自己是世界上繁殖最快的昆虫。

妙妙贴

每当在一棵植物上的蚜虫数量过多时，有一部分就会长出翅膀飞走，另外寻找其他的植物。

蚜虫把口器插入植物中，因为高压的关系，汁液就会自动流到它口中。

生孩子神虫

我们蚜虫有多能生？女宝宝一生下来，就能生宝宝，而且不需要男蚜虫的配合，自己生自己的。如果人类和蚜虫的繁殖速度一样，那么一个妈妈一天就能生一网球场的孩子。

大家来吃自助餐

我们就喜欢聚在一起，吸那些嫩芽、花蕾、嫩茎的汁液，每当此时，就像开大会一样，密密麻麻的一大片，可热闹了呢。不过，等我们狂欢过后，那些植物就倒霉了，不是卷曲、畸形，就是枯萎，甚至就一命呜呼了。我们才不管呢，下次再换一个好了。

哥俩好

我最好的朋友是蚂蚁哦。我吃过东西之后，常常会在屁股后面分泌出糖蜜，我的好朋友蚂蚁就会匆匆赶来，像挤牛奶一样地吃掉我屁股后面的糖蜜。它要是看到有谁想伤害我，马上就会上前帮我跟对方决斗一番。我们的关系因此而越来越亲密了。

五倍子

我们家族有个家伙叫五倍子蚜虫，寄生在漆树科植物的嫩叶和嫩柄上，树因为受了刺激，就长成了囊状的虫瘿，这就是著名的中药五倍子。中国的五倍子是世界上质量最好的哦。在清朝的时候，就已经向国外出口了。

孵蛋的虫子　耳夹子虫

　　我的大名叫蠼螋，还有个别称叫
剪刀虫，因为我的尾巴很像剪刀哦。
据说我常常爬进人的耳朵中，所以叫
耳夹子虫。

力大无比

弱小的我，体重只有0.5克。但别小看我，我可是个大力士呢！我能拖走相当于我身体500倍重的车车。假如人的体重是50千克，那人能拖走25000千克的车吗？显然是痴人说梦。以此来看，人类是没有我力气大的。

一个顶俩

嘘，小声点，我告诉你个秘密哦。在我们家族里，小伙子都有两个小鸡鸡，而且每一个都比我身体的长度还长。这可不是畸形，而是因为我们的这个东西，都特别容易折断，要是不弄一个备用的话，那一不小心就成"太监"了。

爱心妈妈

别的虫子妈妈生了卵，差不多都是拍拍屁股走人了。可我妈妈不一样，它像母鸡孵蛋一样坐在我们身上，温暖着我们，时不时会清理表面，害怕被细菌污染，直到我们出生，它还会找来吃的喂我们呢！直到我们快长大了，才会离开我们，真是爱心妈妈。

逃生技巧轮番来

看，我的尾巴像个剪刀吧？遇到危险的时候，我就赶快把尾巴举起来张开，吓唬对方。大部分就被吓走了，但也有些根本不害怕，那怎么办啊？没辙了，装死呗！对了对了，我还有臭液呢，危机时刻，也能拿出来防身。

妙妙贴

耳夹子虫的英文名是EAR WIGS。人们便以讹传讹，认为它能钻进人的耳朵。其实英文名的来历只是因为它完全张开翅膀时形状有点像人的耳朵。

传说耳夹子虫会钻到人的耳朵里，再钻进人脑，然后生卵，最后人就死了。事实上任何虫子都无法通过耳朵钻入人的脑子，因为脑子周围是坚硬的头骨。

吸血鬼　蚊子

　　嗡嗡嗡，嗡嗡嗡，我不是小蜜蜂，我是吸血的蚊子，全球约有3000种，除了南极洲以外到处都是。我喜欢生活在有水的地方，还能携带很多种传染病病毒，你可要小心我啊。

从来不咬人

冤枉哦，我从来不咬人的，因为我根本就没办法张口，我只会刺人。我的口器是由6支针状的构造组成的，就像人类体检时用的抽血的针一样，把它们插进人的皮肤里，血液就到了我的嘴巴里。其实我每次才抽五千分之一毫升的鲜血啦，别那么紧张。

先打一针

我在吸血的时候，唾液中有两种东西会进入你的血液哦。一种是舒张血管的，一种是抗凝血的，这两样东西会让你的血液流动得更加顺畅，我当然就能顺利喝到血了。至于我吸完血后，你感觉痒痒的，那可不是我干的，是你的身体启动了免疫功能，让叮咬的地方起了过敏反应。

为了孩子

其实也不是我愿意吸血啊，只是我们母蚊子要生孩子，植物的汁液没什么营养啊。如果没有营养，我的卵巢就无法发育，我就根本没办法生孩子。为了传宗接代，我只好找你们人类借一些营养了。我老公它们可从来没有吸过血啊，男蚊子是吃植物的汁液的。

大婚仪式

哇，好多好多的蚊子哥哥都在一起呢，它们在空中形成了一个柱子的形状，在黄昏时的旷野中，真是充满了男性的力量。顿时，我就被迷住了，赶快飞过去，找到一个如意郎君，结婚吧。一生中，这是最美丽的时刻了。因为，蚊子哥哥们只能活10~20天，就会与世长辞了。

妙妙贴

蚊子最喜欢新陈代谢快、呼出二氧化碳多、体温高、呼吸快的人，还喜欢穿深颜色衣服的人，对孕妇、化妆者和醉酒者也非常偏爱。蚊子不知道血型，所以说蚊子喜欢叮某种血型的人是无稽之谈。

蚊子特别讨厌月桂叶、柠檬草油、香茅、大蒜等植物的气味。

山寨蜜蜂　食蚜蝇

　　嘻嘻嘻，又有人错当我是蜜蜂了，其实我叫食蚜蝇。因为我在幼虫的时候吃蚜虫，因此被取了这样的名字。不过不是所有的食蚜蝇幼虫都吃蚜虫，有一部分吃植物或者腐烂的东西，甚至动物的粪便。

小小直升机

我可是飞行高手！我在空中飞着的时候，可以一边震动翅膀，一边悬浮在空中一动不动！还可以直线高速飞行，也能够盘旋、徘徊飞行。是不是比直升飞机还厉害呢？

真假蜜蜂

不过，如果仔细瞧的话，你就会发现我跟蜜蜂根本不一样。蜜蜂有两对翅膀，我只有一对；蜜蜂的后足比较大，而我的很纤细；蜜蜂的触角长，我的短。要是你对我们特别熟悉，就能从飞行姿势判断出来：我飞起来很平稳，而蜜蜂左摇右晃的。

伪装者

谁不知道蜜蜂会蜇人啊？我假装成和它一样，别人就会怕我了。我不仅从外表上模仿蜜蜂，还常常模仿蜜蜂蜇刺的动作，有时候我也发出嗡嗡的声音，这样，不是更能以假乱真，让那些居心叵测的家伙远远闪开了吗？

模范宝宝

我妈妈把我生在有蚜虫的地方，我一出生，就开始吃蚜虫。在我化蛹之前，要吃掉几百只蚜虫哦。因为我在植物上爬来爬去，还能给花朵、植物授粉呢。能不能给我一个模范宝宝的称号呀？

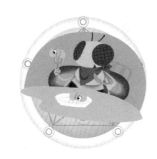

妙妙贴

食蚜蝇成虫后，必须吃花粉，卵巢才能发育，否则就没法生孩子。

食蚜蝇没有尾刺，但总假装蜇刺的动作来吓唬对方。

长脚爸爸 大蚊

看起来，我很可怕吧？其实，我不是蚊子，更不是巨大的蚊子，我叫大蚊。虽然家族很庞大，却没有一种会去吸人或者牲畜的血。我长成这样，只是吓人而已。

舍孩救母

注意，注意，前方有敌情！怎么办，只好自保了。我一使劲，从产卵器中蹦出来一堆卵，射到了20厘米之外，敌人赶紧呼啸着前去寻找那些卵了，我趁机逃脱。耶！不过，孩子们，妈妈对不起你们。

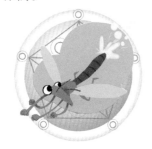

装死达"虫"

有时候，人们会发现一个奇怪的现象，我用前足抓着叶片，后腿直直地伸着，在叶片上荡来荡去，好像荡秋千一样，又像一具干尸挂在叶片上。别迷惑，这是我在装死呢。这样，那些吃活物的家伙们，便不会来打我的主意了。

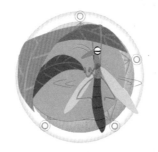

素食主义

我虽然叫蚊，但是却比蚊子大多啦，差不多要3厘米呢！嘴巴也长得跟蚊子很像，不过我可不是坏蛋，因为我从来不吸血。我是素食主义者，反对所有血腥暴力的饮食方式。

长脚爸爸

在英国，人们叫我长脚爸爸，可能是因为我的腿很长吧。我的幼虫，有一个奇怪的名字：皮夹克。因为爱吃草根和腐烂的植物，破坏了好多草地和牧场，所以人们都不喜欢我。

超人胸前有个"S"，我的背上有个"V"，只要你看到这个标志，就知道我是不会吸血的大蚊啦。

大蚊成为成虫后，只能活10天左右，这10天里它要找到对象成亲生子，基本上不吃东西，最多吸点水分。

昆虫世界四不像　蜂鸟鹰蛾

　　你看我像谁？蝴蝶？蜜蜂？蜂鸟？我其实是四不像，真名叫做长喙天蛾，也叫蜂鸟鹰蛾。其实，我是蛾类，跟蝴蝶有点近亲，但跟蜂鸟嘛，确实扯不上什么关系啦。

我像蝴蝶，白天活动，口器是长长的喙管，还有色彩缤纷的翅膀，膨大的触角。我像蜜蜂，总是飞舞在百花之中采蜜，也爱发出嗡嗡嗡的叫声。我像蜂鸟，可以悬停在空中吃东西，还有高超的飞行技巧。你说，我跟它们像吗？

最像蜂鸟

我总是被人误以为是蜂鸟！我的体重、外形、生活习性、飞行速度，几乎和蜂鸟一模一样，简直就像孪生姐妹，所以误会了也不奇怪。生物学家最初都没分清楚，叫我蜂鸟蛾呢。请看仔细哦，我的翅膀上没有羽毛，根本就不是鸟。而且，我比蜂鸟多了一对触须，请你一定看清楚啦。

哪儿不像

说我像蝴蝶，但我腹部粗壮，飞起来速度快，还能结茧。说我像蜜蜂，但我采花不携带花粉，采蜜却不酿蜜，我还能悬飞在半空中原地不动。说我像蜂鸟，我飞的时候，能盘旋，能前进，还能倒退。你说，我到底像谁？

不出生的宝宝

每年4~9月花期一过，我们就忙着结婚生孩子。我一次可以生下几十个甚至上百个卵，赶在冬天之前，我必须让孩子们孵化、成长、结茧，要不然它们就要冻死的。可是来年春暖花开的时候，却没有多少孩子能真正活下来，真是让人伤心呀。这也是为什么我们的数量一直很少的原因。

以前中国并没有蜂鸟鹰蛾，后来各地都发现了这种昆虫，专家认为和从美国进口的花木有关。它们是远渡重洋而来的。

蜂鸟是南美洲特有的，中国没有蜂鸟。很多人把蜂鸟鹰蛾误认为是蜂鸟。

书 虫　衣鱼

　　我是一种没有翅膀的昆虫，户枢不蠹，里面那个"蠹"原意指的就是我哦。我还有好多别名呢：白鱼、书虫、蠹鱼。我的身体扁平细长，上面还有一层银白色的细鳞呢。

衣鱼特别害怕阳光，白天总是躲起来，到了晚上才出来活动。

衣鱼是一种中药。

长不大的哥哥

我从出生一直到长大，花了4个月时间。听妈妈说，我们隔壁家的哥哥，发育了三年才长大，谁让它老妈选择住在没暖气的储藏室呢。我们衣鱼最多能活8年呢。

我爱暖洋洋

我喜欢暖和而潮湿的地方，所以，有暖气的浴室，各种墙和砖的缝隙，书籍涂糨糊的地方，毛料衣服里，你都可以发现我哦。这些地方实在是太舒服了。如果温度在25℃~

30℃的话我就会开始生孩子了。不过，如果继续冷下去，或者待的地方太干燥，对不起老公，我生不出来。

骗你没商量

我那么小不丁点儿的，那些大家伙老欺负我，尤其是蜘蛛、蝇虎。为了不被这些家伙吃掉，我就想了一个计策。休息的时候，我不停地摆动尾巴梢，这些笨蛋不知道发生了什么事情，注意力就集中到了我的尾巴梢上，抓住我的尾巴。这时，我立刻把尾毛断掉，逃之夭夭。

馋嘴小东西

糖，糖，糖。这可是我的最爱，还有能转化成糖的淀粉、糨糊，我都喜欢。有时候，我还吃棉花、亚麻布、人造纤维，甚至连昆虫的尸体，我自己蜕的皮都会吃呢。不过，要是没有吃的，我就忍忍吧，反正忍上好几个月，也不会对我的身体造成任何影响。

外星生物 突眼蝇

　　我看起来像不像外星生物？别的虫子眼睛都长在头壳表面上，可我的眼睛却很奇怪，长得像两根长柄，许多复眼聚集在"长柄"顶端，看起来很像触角哦！真是长相奇特呀。

辽阔的视野

眼睛长在离脑壳千里迢迢的地方，没有什么遮挡，视野真的很好啊。上下左右，前前后后，没有一点儿看不到的地方，看谁能偷袭到我？我是360°无死角哦。

大近视眼

不过，话又说回来了，视野好，不一定视力就好。我长的是复眼，复眼是由许多小眼睛组成的，小眼睛越多，视力才越好。可我的眼睛长的地方有限，所以小眼睛的数量就有限，因此，视力也受到了阻碍，并不是很好哦。看来，我只是一个视野好的大近视眼。

延迟传达命令

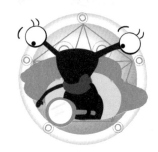

别人的眼睛离脑袋近，看到东西后，很快就传达到了。可我的眼睛和脑袋之间的距离太远了，信息传递吧，就得花点工夫。这样一来，反应就会有点儿迟钝哦，至少要比别的昆虫看到东西时反应慢一点儿。

较量较量

我遇到了一个讨厌的家伙！我们彼此靠近，比了比两眼间的距离，结果差不多，我立刻用中足和后足把身体支撑起来，将前足挥舞在眼睛两侧，驱赶它。不过如果对方两眼之间的距离比我宽的话，我是不敢较量的，因为它肯定比我块头大，我打不过它。

妙妙贴

突眼蝇刚刚孵化出来，就会爬上枝头，大口地吸空气，然后将空气压入头顶，将眼柄压成特有的形状。

在突眼蝇的世界里，眼距越宽，说明越健康，越强大，说明越俊美帅气。

超级美女 吉丁虫

　　我们家族太大了，身材相差特别悬殊，小的只有1厘米，大的能达到8厘米。但无一例外，我们都很美丽。同时，我们的幼虫会钻进树木中蛀蚀，常常把树木弄爆皮，因此也被称为爆皮虫。

"虫"大十八变

哇哦，你还认识我吗？瞧，我那泛着金属光泽的蓝、绿和铜绿的鞘翅，是不是让你觉得很惊艳呢？虫大十八变，说的就是我吧？维多利亚时代，人们把我们当成珠宝，做装饰物呢。因为太漂亮了，所以得到了一个美丽的名字：彩虹的眼睛。对了，我还有个名字叫宝石甲壳虫，很形象吧！

最爱森林着火

着火啦，着火啦，太好啦。我立刻和同伴们成群结队地向着火的地方跑去，抢占那些被火烧过的树木产卵啰。跑了好几里，累死了。你问我怎么知道着火的，我的腹部有一个特殊的感应器官，对烟火高度敏感哦。科学家们正根据这个研究森林防火感应器呢。

丑丫头时代

小时候，我真的很丑，很丑。我的前胸特别膨大，腹部又特别细长，这何止是奇丑无比，简直就是畸形啊。好在，我一直躲在植物的茎秆里，吃呀吃呀吃，还呈螺旋状上升呢。我吃喝拉撒都在树皮里，老天这样安排，大概也是不想让我出来亮相吧。

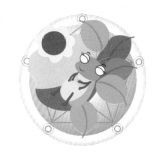

日本人特别喜欢我，他们觉得我的鞘翅很艳丽，又能驱赶别的害虫，因此常常在做家具的时候，把我们吉丁虫镶嵌进去，既驱虫，又美观。

吉丁虫的鲜艳色彩起的是警告作用。

黄金草　蝙蝠蛾

　　我们生活在四川、云南、青海、甘肃等海拔3000米的高寒地带，和蚕是近亲哦。因为我们跟虫草菌的相遇，而产生了一种非常昂贵的东西——冬虫夏草。于是，我成了明星。其实，我只想平平静静地繁衍生息，根本不想付出生命的代价，而成为一种名贵的东西。

冬虫夏草

冬天，我们幼虫要越冬啦。可我们有的伙伴到了快成熟的时候，却被虫草菌感染了，菌丝充满了它们的全身，于是它们全都变成僵硬的了，这就是冬虫。夏天来了，我们长成了成虫，它们的头顶上却长出了管型的座，露出了地面，这就叫夏草。这个东西被人挖出来，就叫冬虫夏草，是名贵的中草药和高级补品。

不饿不吃

在我还是幼虫的时候，我可不是天天吃东西，更不是一日三餐有规律哦。我每隔几天才会吃一次，但每次都会放开肚皮大吃特吃，每次吃完之后，我的体重就会增加很多。只不过，我不会天天吃东西，就算身边食物再多，我看也不会看一眼的。

漫长的婴儿生涯

还是幼虫的时候，我喜欢很冷的环境，我们生活在地表下面，吃着植物的根茎生活。大雪纷飞的时候，我们就钻到冻土层中越冬。春天来临的时候，我们又回到地表的土壤中，挖出一个个可以相连的隧道，方便吃东西。就这样经过好几年，我们才能变成蛹，最后成为成虫。

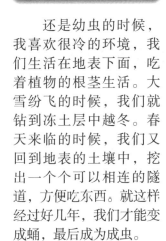

虽然都有翅膀，但女蝙蝠蛾太重，只能边走边跳，而男蝙蝠蛾可以飞。

蝙蝠蛾的寿命一般是2～3年，但是虫卵期、蛹期和成虫期加起来的时间只有2～3个月，大部分时间它都处于幼虫期。

流光溢彩版装甲车 金龟子

我是无脊椎动物，很漂亮，可是却是害虫哟。我们金龟子家族很大的，全世界超过了26000种。

开饭啦

肚子好饿啊，不过随时都可以开饭哦。我喜欢吃植物和果树的花、果实，还有树的汁液。每次吃果实的时候，我先把果实咬个洞，然后把里面的浆汁吸干。

坏宝宝

夏天的时候，妈妈把我生在了树根旁的土壤里。我白白胖胖的，身体弯曲成马蹄的形状，背上有许多横皱纹，尾巴上还有刺毛，人们把这时的我叫蛴螬。饿了我就吃植物的根、茎或者幼苗在地下的部分，所以别看我小，其实也是小坏蛋。

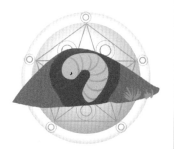

流光溢彩版装甲车

快让开，快让开，装甲车来啦！我们金龟子都有一个硬硬的壳，包在身体的外边，用来保护自己。不过我们可不是真的装甲车，因为装甲车一点儿也不漂亮，而我们却有金属的颜色和光泽，看起来非常漂亮哦，是奢华版和流光溢彩版装甲车。

酒仙大人

咦？这是什么味道，真好闻呀。我们一群伙伴赶快跑了过来。原来是苹果烂了，发酵了，这种酸酸的酒味可真是天下最好的东西呀。不一会儿，所有的伙伴都赶来啦，我们狂饮狂欢，真高兴！

妙妙贴

男金龟子的飞翔能力比较强，女金龟子的颜色更漂亮。

金龟子的寿命只有50天左右。

湖边隐士  草螽

我的种类可多了，而且都很相似，所以都在名称上加个特征来称呼。我看起来有点像尖头蚱蜢，还有点像蝗虫，分为褐色和绿色两种。

不爱飞的结果

其实我的前后翅都很发达，可是因为体形太大，行动非常不敏捷。而且，我特别不喜欢飞翔，所以就特别容易被人抓去。唉，真悲哀。

隐居者

我一点儿也不喜欢招摇，我喜欢灌木丛、草丛，喜欢在隐秘的地方逗留、休息，不喜欢那种阳光明媚的地方。我是个低调的隐居者吧。

安全的水边

我喜欢生活在湖边或者池塘边的草地上。这可不是胡乱生活的，因为这个地方有个好处，就是一有风吹草动，我就可以立刻跳到水中，潜水数分钟，脱离危险。

男女不一样

我们草蛉姑娘要比小伙子们大一些哦，黄绿色的产卵管像一把剑，平直略微上翘。小伙子背部有个发音镜，透明而且发亮，看上去非常漂亮，而且尾须是钩状。

妙妙贴

草蛉的歌声非常轻柔，是那种轻慢的沙沙声、嗡嗡声，伴随着翅膀的运动所带来的咔嚓声。

草蛉的眼睛是橙黄色的。

杀手妈妈　细腰蜂

　　螟蛉，听起来多有文化啊，偏偏叫我细腰蜂，真是。我专门吃一些害虫的幼虫，所以是益虫。3000年来，人们都以为我捕捉螟蛉是把它当孩子养，说我是抢孩子的，真是好可笑呀。

马蜂不是我

看上去，我跟马蜂是不是有点像呢。其实，你只要记着我们俩穿的衣服不一样，就能分清了。我上身穿的衣服，大多带有黄红色，而马蜂是没有这么华丽的，嘿嘿。

真相大白

我生孩子可真离不开螟蛉的幼虫。每次，我先用毒针把螟蛉的宝宝给刺昏，然后把我的宝宝生在它的身体里，再把它拖到竹筒中。这样，我的宝宝一出生，就会把螟蛉当食物啦。有时候，没有螟蛉，就会是蜘蛛或者其他动物。

专业探测器

在墙缝里找吃的？一般人，噢，不，一般虫还真没有这本事。可我就不一样了，我头上有一对灵巧的探测器，可以伸到墙缝里寻找躲起来的猎物。如果找到的话，我就用细长的前腿和嘴巴，把它从墙缝里面钳出来。

居无定所

没听说过吗，树挪死，人挪活。我们细腰蜂也一样，谁会把自己困死在一个地方呀。我到处走走、玩玩，哪里天黑歇哪里，不是很自由吗？只有等我生孩子的时候，才会做一个泥巢。

妙妙贴

我国是最早注意并描述细腰蜂的国家。早在大约3000年前的诗经里，人们就写了"螟蛉有子，蜾蠃负之"的诗句。

细腰蜂每次把别的动物刺昏，在上面产卵后放入巢中，还要用泥封口，防止猎物逃跑。

铁角大王   锹甲

我们家族约有900种哦。我们大部分都生活在朽木的周围，是一种大中型的甲虫，也是好战分子哦。

我爱宽敞

你想找我？那就去找那种叶子很大的树，在小叶子的树上，是没办法找到我的。因为我喜欢叶子大的树，地方宽敞，叶子管饱。

奇怪食谱

我喜欢吃树叶，吸食树的汁液以及花蜜。可我家宝宝不知道怎么搞的，就是喜欢木屑，整天对那些美味的树叶和花蜜视而不见。没办法，我只好住在朽木的周围，好让它天天过瘾。

盔甲战士

我浑身裹满了硬硬的壳，如果你吃我，除了一口吞下，还能有什么办法？想咬？只要你不怕崩了牙。也许就是这身盔甲，我才被叫做甲虫的吧。

铁角"侍候"

想跟我较量？嘿，看见我的上颚没，像不像鹿角，上面还有分支和齿呢。这个角差不多跟我的身体一样长，厉害着呢，要是你来动我的话，我保准把你夹出血来。不过，只有男锹甲才有这么大的角哦。

妙妙贴

人工养殖的锹甲，往往比野生的更大。

锹甲哥哥和锹甲妹妹的身型相差很大哦。

毁容怪客　隐翅虫

　　我还有个名字叫影子虫。全世界约有40000种哦，而且每年还增加300~400个品种呢。我通常都生活在腐烂的东西附近。

舒服的潮湿

干燥什么的最难受了。我喜欢潮湿的地方，比如池塘边、水池边、河流漫滩、杂草丛中、稻田中。每天白天都在各种植物的叶子上爬来爬去，吃一些小昆虫、花粉和腐烂的东西，日子过得很惬意哦。

毁容怪客

要是我爬到你的皮肤上，可千万千万别把我拍死啊。本来呢，我只是爬过去，你的身体上就只会出现一些红斑，那是一些轻微的毒液，我还没分泌毒液。但如果你把我拍死

了，那毒液就全部出来了，你的皮肤会溃烂，甚至会引起淋巴感染，很恐怖哟！

藏起我的翅膀

左看右看上看下看，我的翅膀去哪里了？拜托，你是找不到的。当我停下来的时候，我的翅膀会在腹部和足的帮助下，藏在鞘翅的下面。要想知道它们什么样儿，我飞的

时候才能看到。我的鞘翅又短又厚，可后翅却很发达哦。起飞的时候，能用非常快的速度打开呢。

我来也

神不知鬼不觉，我就能进到人类的屋子里面。纱窗？笑话，它也想挡住我，那些网眼对我来说就像山洞一样巨大，因为我只有3毫米哦。我们家族里最大的家伙也只有2.5厘米。所以，人类的屋子，我是来去自如。

妙妙贴

隐翅虫是积极向上的虫子，因为它很喜欢飞到高处。

隐翅虫特别喜欢亮光，尤其是荧光。

昆虫大学建筑系成果展

昆虫大学的建筑系多年来一直享有盛誉，建筑系涌现了许多专家，做出了许多震惊世界的成绩，设计出了奇迹般的建筑，它们是昆虫大学的骄傲！此次成果展，大家将看到它们呕心沥血设计和建造的建筑。哎，我是谁，我是昆虫电视台资深记者蝗虫，又称"电视民工"。不说我了，还是看这些建筑成果吧。

一号教授　　　　姓名：白蚁

展出作品： 摩天大楼

作品详解： 这幢摩天大楼高达7米！跟建筑师的身材相比，这可比人类盖的迪拜塔高多了。摩天大楼里面更是别有洞天哦，有几百个房间，四通八达，还有专门引入的地下水，通风管道，住在里面可舒服呢！

教授风采： 非也，非也，我不是什么教授，我只是可怜的工蚁而已。从生下来，就是为了干活而生，你们看看我的眼睛，根本没有，因为不需要。我没有翅膀，不能飞，也永远不会有后代。

二号教授　　　　姓名：蝼蛄

展出作品： 地下防空系统

作品详解： 地下三四十厘米，甚至100厘米的地方，是蝼蛄的住所，周围，都是它挖的防空系统哦，这些防空洞曲折交错，蝼蛄一分钟能挖大约20厘米。只是，那些庄稼惨了，它们的根和土活生生地被这防空洞给分开了。

教授风采： 看看我这两个爪子，你不如说我是泥土匠呢。我觉得我另外一个本事更有意思些，那就是在防空洞里倒着走，而且走得飞快呢！

三号教授 姓名：蚁蛉

展出作品：军事防御

作品详解：这是一个漏斗形的坑状建筑，而建筑的主要材料是沙子，难度很大。一只蚂蚁忽然掉进了坑里，它吓得屁滚尿流，拼命想爬上去，可斜坡上的沙子却在它的攀爬中不断地滑落下来，把它埋在了里面！这就是本建筑的奥妙之处！

教授风采：噢，蚂蚁很好吃！

四号教授 姓名：马蜂

展出作品：纸房子

作品详解：马蜂的房子可是纸的哦。它们会找一些木质的植物，然后嚼烂，拌上唾沫，一层又一层地糊出一个窝来。这可是名副其实的纸房子哦。

教授风采：我不喜欢出门，是标准宅男，但是，我的腰却很细。哈哈。

一号躲猫猫高手　　姓名：枯叶蛱蝶

寻找高手：树上的叶子都枯萎了，连个毛也找不见。可刚才，那只漂亮的蓝、黄相间的蝴蝶才飞到树上呀！明明看见它停在了树上呀！难道它会遁地术？还是外星人把它接走了？咦？这片树叶不对劲！上面有触角。哈哈哈，被我逮住了。不过，你也装得太像了吧，翅膀一合，简直跟枯叶没啥两样，上面竟然还有叶脉，这也太煞费苦心了。

高手发言：我展开翅膀，就是夏日缤纷，我合上翅膀，就是秋风瑟瑟！有意思吧。告诉你，我这伪装的一招苏联专家也曾经用在军事上呢。

二号躲猫猫高手　　姓名：螳螂

寻找高手：真的找不见哦！明明看见一堆螳螂躲进了草丛中，可去找的时候，它们好像瞬间都消失了！不行，待我用一招：打草惊螳螂。哈哈，真的蹦出来了，原来刚才那片貌似叶子的真的是它，还有个假装是花的，因为颜色和周围一模一样，形态也非常相似，一时间还真的难分真假呢！

高手发言：嗨，这不算什么，我们家族有个叫兰花螳螂的家伙，它长得就跟兰花一模一样，在兰花叶子上一摆姿势，那真正的花都自愧不如呢！（名记蝗虫：它不怕蜜蜂来采吗？）

我们来玩躲猫猫

别以为躲猫猫是一个幼稚的游戏。这次，我们的躲猫猫是一场高科技、高智商、高技巧、高……反正就是一个高门槛的游戏！一般虫你躲不起哦。你想试一试自己躲猫猫的能力吗？那就赶快拨打昆虫电视台的躲猫猫热线44944（试试就试试），来试试吧。报名条件：身高不限，年龄不限，男女不限，但必须是昆虫哦！

三号躲猫猫高手　　　姓名：角蝉

寻找高手： 这树上到处都是刺，摄影的老师小心不要扎到手哦！角蝉在哪里呢？这个是它们吗？噢，不对，这是鸟粪。还真找不见了，那么多角蝉，竟然在我眼皮子下面消失了！等等，角蝉，我们刚刚见过的，它的特征是背上背着个大角……对了，这些刺就是角蝉！

高手发言： （捂嘴偷笑十分钟）算你狠，要不是你事先见到我的样子，你绝对不会找到我的对吧。你看，我和伙伴们在一起的时候，还会自动排列呢，看起来，好像这棵植物是带刺的。哈哈。

四号躲猫猫高手　　　姓名：竹节虫

寻找高手： 左看看，右看看，上看看，下看看，这里是一片竹林，什么昆虫也没有啊？再仔细看，也没有哇。嘘，慢，终于被我抓住了，一只竹节虫！谁让你忍不住动了一下呢！你的样子也太像一节竹子了吧。听说，你还能随着湿度、光线、温度调节自己的颜色，让自己跟周围竹子的颜色一模一样呢。实在是高呀。

高手发言： 其实我还有一个本领，装死，另外我还有闪光雷，如果不幸被发现，我就发出一道亮光，敌人一愣神的功夫，我就跑了。你嘛，因为是自己人，我就没用，怕吓着你。

夏季纳凉音乐会选拔赛

夏季纳凉音乐会很快就要与观众朋友们见面了。现在，我们正在进行紧张的海选。观众朋友们，您更喜欢哪位选手呢？如果您真的喜欢它，就赶快拿起您手中的遥控器，啊，不，选号器，给您喜欢的选手投一票吧。阿门！观众朋友们好热情啊，都想看我滚是吗，那我就滚一个给大家看看。不过欣赏过后，您一定要继续欣赏我们的节目，千万不要走开哦！

一号歌手　　　　　　　姓名：蝈蝈

现场直播： 这位大哥的演出服很特别哦，一身绿色，相当的抢眼，只见它不慌不忙蹦到台中，姿势也很特别哦，然后开始摩擦自己的翅膀！喂，你想干什么！警卫们一拥而上，这时，我们却听到了美妙的歌声，哇，真是天籁之音，划时代的歌手诞生了，明天，《时代》杂志封面上，将出现它绿油油的伟岸形象。

歌手发言： 在春秋时期，人们就开始养我听我的叫声了，还说我是鸣虫之首呢。我将继续努力，不负众望，为大家带来更好的作品，谢谢！

二号歌手　　姓名：纺织娘

现场直播：第二号歌手请上场，第二号歌手请上场！咦，怎么不见虫影呢？谁在织布呢，听，沙沙，沙沙，轧织，轧织！声音越来越大，越来越大，纺织娘出场啦！不过它一出场，就说："麻烦那个灯，不要老照我好吗？"于是，灯光师关掉了所有的灯光，大家在黑暗中，静静地倾听着它那沙沙、轧织的织布声。还真有点意境呢。

歌手发言：对不起大家，我不太适应光亮，所以抱歉让大家在乌漆麻黑的地方听音乐，十万分的对不起。我再给大家演奏一曲吧。

三号歌手　　姓名：蝉

现场直播：喔唷！来了一大帮男的，吱哩哇啦就开始唱开了。嗓门够大，音域够广，可问题是，哥们儿，你们这不叫唱歌呀，这是聒噪明白不？别冲着我嚷嚷，别不服气，你们唱的哪里有曲啊，谱子呢？这是干号明白不？回家先学会《两只老虎》再来吧。

歌手发言：虽然这次落选了，我一点儿也不气馁，因为，重在参与嘛。明年，我们不仅要学会低端的《两只老虎》，还要学会高端卜档次的《小小世界》，到时候，我们会再来的。明年见！耶！（你们还能活到明年不？）

四号歌手　　姓名：蟋蟀

现场直播：一只雄赳赳气昂昂的蟋蟀——这不就是蛐蛐儿吗？一只雄赳赳气昂昂的蛐蛐儿上场了。不过，老兄，你是不是走错地方了，看你摩拳擦掌的样子，你应该去拳击手选拔赛才对呀。噢，噢，这是你的风格，那请吧。哎哟，这哪里钻出来一大堆粉丝，给它鲜花，还亲它，哭着闹着要嫁给它，它唱的那叫什么呀！唉，世道变了。真是的。

歌手发言：主持人同学，你是不是太OUT了，你不知道我唱歌就是为了博得女生的欢喜吗？就凭这，我便可以妻妾成群，哈哈哈哈！

高手一　　　　　　姓名：仰泳蝽

独家绝技：仰泳

现场表演：仰泳蝽先生躺在水面上，脚一蹬一蹬的，竟然就走了。这简直给那些学仰泳学了几十年也不会的人一个沉重的打击呀！它的触角在自动保持平衡，它的背就像一艘小船的船底。哎哟，这是天生的，嫉妒也没用！

仰泳蝽发言：呵呵，我的身体很轻的，所以掉到水里就会自动浮在水面上，所以大家学不会游泳也不必难过，要相信天生我材必有用哦。

民间高手寻访记

什么样的高手才是高手？如果一个人从300层高楼跳下来没摔死，算不算高手？而在民间，这样的高手比比皆是，只是，它们都深藏不露，隐居在草丛、树林、池塘里。你想要见到它们，见识它们的绝世本领，那就跟随我们的镜头一起来吧。

高手二　姓名：虎甲

独家绝技： 速度王

现场表演： 只见嗖的一声，一个黑影在我们眼前一闪，虎甲已经不见了，再听嗖的一声，它又出现在我们面前了。专业探测器加计算器立刻算出它的速度是：每秒钟移动距离是它身体长度的171倍！哇，你不是F1（世界一级方程式锦标赛），你简直是"F250"！

虎甲发言： 我不是赛车手，我就是赛车，我就是速度王！

高手三　姓名：象鼻虫

独家绝技： 无故盔甲

现场表演： 锥子、剪刀、钢针……什么都不能在象鼻虫的硬壳上扎出、钻出洞来，还真硬呀！据说它是世界上最硬的甲虫。观众朋友们，你们有什么办法能在象鼻虫的身上弄出一个洞吗？请赶快拨打电话哦。有个观众朋友说电钻可以，让我们来试一试！咦，象鼻虫先生怎么钻到桌子下面去了？

象鼻虫发言： 那位观众，我跟你前世无怨，今生无仇，你干吗要这样害我？你太过分啦，呜呜呜……

高手四　姓名：独角仙

独家绝技： 力大无敌

现场表演： 哇，块头真大，差不多16厘米长！一看就是个大力士。果不其然，独角仙一上场，把那些馒头、苹果什么的看也没看一眼，直接跑到一个最大的、比它自己大好几倍的石头旁边，抓起来，一举。哇，怎么脸不红气不喘啊，力气也太大了吧？

独角仙发言： 你们也太低估我的力气了，摆个这么小的石块侮辱谁呢？告诉你们吧，我能举起比我体重重800倍的东西呢，要不然，"世界最强壮动物"这个名号不是白给我了。

妇产科的一天

竟然，竟然让我去妇产科采访，这简直……唉，你说，我一个大老爷们，好歹在人类的世界里，也让他们闻之色变，现在却去做如此采访，真是羞煞我也。电视台的这帮策划、编导是什么意思？难道，是因为我没请它们吃饭？不过，好像真的有重大新闻哟。摄像，赶快跟紧我，GO！

一号产妇　　　　姓名：蜻蜓

产房现场：蜻蜓在发火呢！大呼："给我弄一盆水来，给我弄一盆水来！"干吗呀，莫非生孩子需要喝这么多水！护士连忙弄来一大盆水，还是矿泉水。蜻蜓一跃而上，飞到盆子上方，尾巴伸到水里，一点一点的，一脸如释重负的样子。难道它是要在这盆水中便便？

蜻蜓说话：我呸，你还记者呢！知识面也太狭窄了吧，不知道蜻蜓点水就是在产卵吗？回家好好看几车书再出来混吧，省得丢人现眼。

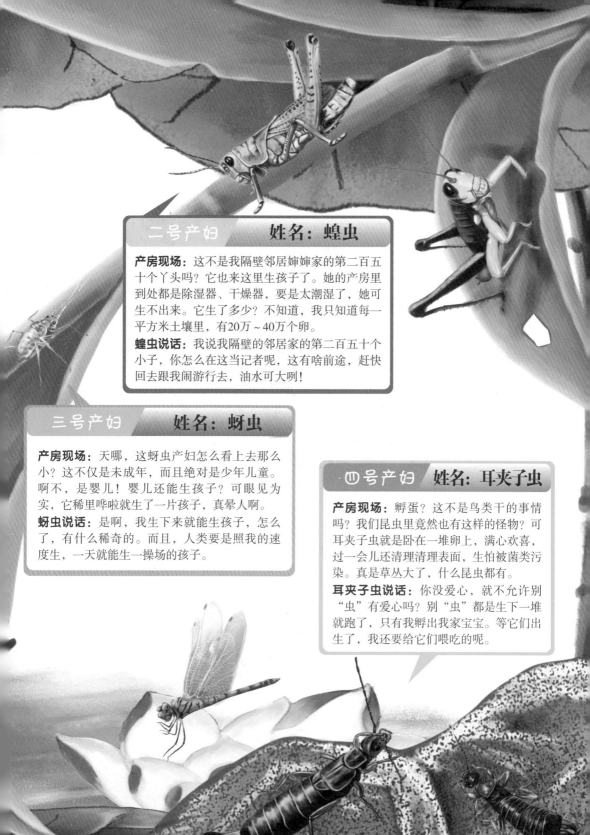

二号产妇　　姓名：蝗虫

产房现场：这不是我隔壁邻居婶婶家的第二百五十个丫头吗？它也来这里生孩子了。她的产房里到处是除湿器、干燥器，要是太潮湿了，她可生不出来。它生了多少？不知道，我只知道每一平方米土壤里，有20万～40万个卵。

蝗虫说话：我说我隔壁的邻居家的第二百五十个小子，你怎么在这当记者呢，这有啥前途，赶快回去跟我闹游行去，油水可大咧！

三号产妇　　姓名：蚜虫

产房现场：天哪，这蚜虫产妇怎么看上去那么小？这不仅是未成年，而且绝对是少年儿童。啊不，是婴儿！婴儿还能生孩子？可眼见为实，它稀里哗啦就生了一片孩子，真晕人啊。

蚜虫说话：是啊，我生下来就能生孩子，怎么了，有什么稀奇的。而且，人类要是照我的速度生，一天就能生一操场的孩子。

四号产妇　姓名：耳夹子虫

产房现场：孵蛋？这不是鸟类干的事情吗？我们昆虫里竟然也有这样的怪物？可耳夹子虫就是卧在一堆卵上，满心欢喜，过一会儿还清理清理表面，生怕被菌类污染。真是草丛大了，什么昆虫都有。

耳夹子虫说话：你没爱心，就不允许别"虫"有爱心吗？别"虫"都是生下一堆就跑了，只有我孵出我家宝宝。等它们出生了，我还要给它们喂吃的呢。

动物
DONGWU JIANIANHUA
嘉年华

微信号：futurepub

未来出版社微信

1. 关注未来出版社微信，并发送所购图书书名，均有机会获得奖品；

2. 活动时间为2014年3月1日～2015年6月1日；

3. 我社将在官方微信的用户中随机抽取总计100名微友送出幸运奖品（价值约50元的最新图书）。